MAGISCHE LABYRINTHE

Reisen durch Raum und Zeit

Illustrationen von Thomas Thiemeyer
Text und Idee von Bertrun Jeitner-Hartmann

arsEdition

Ausstattung und Herstellung: arsEdition, München

Printed in Belgium
ISBN 3-7607-1835-3

Einführung

Entdecken Sie das Geheimnis des Labyrinths und folgen Sie seinen verführerischen Pfaden! Es erwartet Sie eine Reise durch Raum und Zeit, die verschiedenste Welten vereint und magische Momente vermittelt.

Man braucht keine besonderen Fähigkeiten, um die »magischen Labyrinthe« zu durchwandern. Jeder, der sich Zeit nimmt, kann durch die verschlungenen Pfade und Windungen zum Ziel finden. Dabei führt unsere Augenreise durch die unterschiedlichsten Zeiten an die verschiedensten Orte: von alten Plätzen der Maya über Steinformationen der Kelten bis in virtuelle Welten – von mythischer Vergangenheit bis in die Zukunft.

Die Geschichte der Labyrinthe

Der Ursprung der Labyrinthe ist nach wie vor ungeklärt. Man nimmt an, dass sie sich vom Mittelmeerraum ausgehend in viele Kulturen rund um die Welt ausgebreitet haben. Ihre Spuren sind nicht nur auf europäischem Boden zu finden, wie in Großbritannien, Skandinavien und Russland, sondern auch in Afrika bei den Zulus, in Persien, Rajasthan, Tibet, Afghanistan oder bei den Hopi-Indianern, den Pueblos, den Navajos und in Neumexiko.

Labyrinthe waren ursprünglich Orte der Kraft und Energie. Um sie richtig zu platzieren, bedurfte es des Wissens der Alten und Weisen. Immer wieder hat man versucht, dem tieferen Sinn solcher Anlagen durch Wünschelrutengänge und Messungen der Erdenergien auf die Spur zu kommen oder ihre Rätsel mithilfe astrologischer Forschungen oder kosmischer Erkenntnisse zu entschlüsseln.

Das Labyrinth galt von jeher als Symbol für den verschlungenen Lebensweg des Menschen, als eine Art »Ersatzpilgerweg«. Es wird mit der Psyche und inneren Reifeprozessen verglichen. So setzt man den Zugang zu Mythos und Träumen den »multiple choice«-Wegen von Labyrinthen gleich.

Heute erfahren Labyrinthe eine Renaissance. Das liegt sicher unter anderem daran, dass ihre geheimnisvolle Ausstrahlung und Anziehungskraft ein Gegengewicht zu unserer nüchternen, entzauberten Welt bilden, in der die Wissenschaftler die letzten Geheimnisse entschlüsselt haben.

Heute werden Labyrinthe in jeder Form angeboten: Es gibt sie sowohl als Malvorlage und Bausatz als auch als Ort für Meditation und Kommunikation, für Spiele und Feste, als Treffpunkt von Esoterikern oder für Frauen zur Vollmondzeit.

Das klassische Einweglabyrinth

Einweglabyrinthe sind eindeutig führende Labyrinthe, in denen man sich nicht verirren kann. Hier ist der Weg das Ziel. Man folgt einem vorgeschriebenen Pfad und hat gar keine andere Wahl, als alle Gänge zu durchlaufen, bis sie automatisch zur Mitte führen – und dann wieder hinaus. Der Weg durch diese Labyrinthe wird auch als »Weg zu sich selbst« bezeichnet. Den Labyrinthen werden Kräfte zugeschrieben, die sich beim Durchlaufen entfalten sollen wie auf einem Weg zur Selbstfindung.

Der Pfad durch das Einweglabyrinth scheint ziemlich direkt ins Zentrum zu führen. Hat man das Ziel bereits nahe vor Augen, wendet sich der Weg jedoch vom Zentrum ab, führt um die Mitte herum – oft noch einmal fast bis zum Ausgangspunkt zurück –, biegt dann wiederum zur Mitte und führt einen unerwartet schnell in das Ziel. Sowohl der Weg hinein als auch der Weg hinaus gelten als wichtige Erfahrungen, wobei der Weg hinein auch mit dem Weg in die Unterwelt verglichen wird, der Weg hinaus Wiedergeburt bedeutet.

Der Aufbau eines Einweglabyrinths folgt den immer gleichen Vorgaben durch Kreis und Kreuz, entwickelt aus dem Drei-Pfade-Labyrinth. Solche Labyrinthe wurden aus Steinen gelegt oder als Rasen angepflanzt, später auch als Mosaiken (z. B. in Kirchen) angelegt.

Das Mehrweglabyrinth oder der Irrgarten

Im Gegensatz zum Einweglabyrinth fordern Irrgärten ständig Entscheidungen, welchen Weg man einschlagen will. Die Betonung liegt auf der Eigenverantwortung des Suchenden. Die Labyrinthe bieten oft nur eine, manchmal mehrere Lösungen – und die in ihren verschlungenen Wegen Gefangenen müssen Orientierungssinn und Ausdauer unter Beweis stellen, ihre Intuition spielen und manche Sackgasse hinter sich lassen.

Irrgärten dienen der Unterhaltung und dem Gesellschaftsspiel. Dazu gehörten die Gartenlabyrinthe in England, heutzutage das Heckenlabyrinth, die berühmte »Hand« von Uri Geller, die überall entstehenden »Labyrinthe im Maisfeld« oder Labyrinthe in Gartenausstellungen.

Wir finden Spiegellabyrinthe auf Jahrmärkten oder Grusellabyrinthe in alten Burganlagen, denen man wie »ausgeliefert« ist – zwischen Mauern, über die man nicht hinwegblicken kann. Aus solchen Labyrinthen herauszufinden half der berühmte »rote Faden«, der Ariadnefaden – ein Wollknäuel, das Ariadne ihrem Theseus in das Labyrinth des Minotaurus auf Kreta mitgab, damit er sich daran zum Ausgang zurückwickeln konnte.

Wer ohne Ariadnefaden durch einen Irrgarten finden will, heißt es, solle sich stets mit der rechten (oder stets mit der linken) Hand an der Wand entlangtasten, um ganz sicher zu sein, ins Ziel (oder wieder zum Ausgang) zu gelangen. Eine Empfehlung, die sich natürlich bei Labyrinthen mit Falltüren, Passwörtern oder womöglich Denkaufgaben, die einem zum Zugang in andere (Denk-)Räume verhelfen, nicht anwenden lässt.

Diesen Labyrinthen, die den Betrachter in die Tiefe des Raumes führen, begegnet man nicht nur bei optischen Täuschungen oder in den fantasti-

schen Ebenen des Denkens, wir finden sie auch in unserem Alltag, wo man sich in Gängen auf verschiedenen Ebenen verirren kann, z. B. in der Kanalisation und den U-Bahn-Schächten unter der Stadt, in den Katakomben der Römer, oder auch in der Natur, wo Maulwurf oder Regenwurm unterirdische Gänge graben.

Die abgebildeten Labyrinthe in diesem Buch sind keine tatsächlich existierenden Orte, sondern künstlerische Interpretationen magischer Wege. Zwar können wir nicht beweisen, dass diese fantastischen Gebilde die alten Kräfte in uns mobilisieren, aber man spürt etwas von der Verführung und dem magischen Sog, der von ihnen ausgeht.

Wem es gelingt, mit den Augen oder dem Finger durch die Labyrinthe hindurchzufinden, seine mehrdimensionale Vorstellungsgabe zu aktivieren, der wird im Gegenzug Spannung und Entspannung erfahren. Er wird die Wege durch die Labyrinthe wie eine Meditation empfinden und kann sich der ihnen eigenen Wirkung hingeben ... Für Labyrinthexperten steht jedenfalls fest, dass man im Labyrinth auch dann einen Prozess durchmacht, wenn man die Wege nur mit dem Finger nachzieht!

In diesem Sinne wünschen wir allen, die sich auf das Abenteuer Labyrinth in diesem Buch einlassen, spannende und entspannende Erfahrungen!

Die Labyrinthe in diesem Buch

Die Labyrinthe auf den Seiten 12, 16, 18, 23, 25, 26 sind Einweglabyrinthe, alle anderen Mehrweglabyrinthe oder Irrgärten. Im Einzelnen finden sich:

- S. 5: **das Labyrinth bei den Pyramiden**, das mehrere Wege, aber nur eine Lösung bietet
- S. 6: **die keltische Felszeichnung**, die einem Schmuckstück nachempfunden wurde und ebenfalls auf mehreren Wegen zu durchwandern ist
- S. 7: **das Heckenlabyrinth**, ein Irrgarten, in dem man den Ariadnefaden sehr gut gebrauchen könnte
- S. 8: **das Würfellabyrinth**, eine optische Täuschung, deren Effekt ein Durchwandern auf dem einzig möglichen Weg erschwert
- S. 9: **das magische Auge**, das manche Sackgasse bereithält
- S. 10: **der Palast des Minos**, ein bewegtes Labyrinth mit »Faltenwurf«, bei dessen Durchwanderung man sich auf einen langen Weg gefasst machen muss
- S. 11: **das Felsendorf**, bei dem man sich den Weg auf die oberste Dachterrasse über die Häuser durch Hinauf- und Hinabsteigen der Leitern erobert
- S. 12: **die Trojaburg**, ein Weg aus Steinen, wie er vor allem in nordischen Ländern zu finden ist
- S. 13: **das Felsenlabyrinth**, bei dem die Überbrückung der Schluchten auf immer neue Hochplateaus führt
- S. 14: **das fantastische Schraubenlabyrinth**, auf dessen Wendeltreppen man die Plattformen durchsteigen muss, um den Ausgang zu erreichen
- S. 15: **das Labyrinth auf dem Himalayamassiv**, mit dem man – den Göttern nahe – gewissermaßen eine höhere Ebene des Bewusstseins erreicht
- S. 16: **das Labyrinth im Kornfeld**, das heutzutage eine unglaubliche Renaissance erlebt
- S. 17: **der Fuß des Riesen**, bei dem man auf verschiedenen Wegen die Säulen und dann wieder den Ausgang erreichen muss
- S. 18: **die Wüstenzeichnung** auf der Hochebene von Nazca, die nur aus der Luft zu erkennen ist
- S. 19: **das Labyrinth im Hochgebirge**, bei dem man nur nach langwieriger Wanderung ins Zentrum der Anlage hoch oben in den nördlichen Rocky Mountains gelangt
- S. 20: **das Schmuckschild**, das einen sehr verwirrenden Irrgarten darstellt und nur etwas für Tüftler sein dürfte
- S. 21: **das Pueblodorf**, in dem man sich mithilfe der Leitern genau an den verschiedenen Ebenen der Hausdächer orientieren muss
- S. 22: **das Sandrelief**, das auch immer wieder Entscheidungen fordert und fast wie eine optische Täuschung flimmert
- S. 23: **der archäologische Fund**, eine ganz besondere Münze
- S. 24: **das Wabenlabyrinth**, bei dem man sich in kritischen Fällen am Schatten orientieren kann, der verrät, wo wirklich Türdurchbrüche zu finden sind
- S. 25: **das Heckenlabyrinth** in Form eines Schmetterlings
- S. 26: **der indianische Felsen**, in dessen Granit vor Urzeiten eine Figur eingeritzt wurde
- S. 27: **der Mikroprozessor**, bei dem man sich wie durch ein Röhrenlabyrinth auf verschiedenen Ebenen zum Ausgang vorarbeitet
- S. 28: **der Irrweg über die Eisschollen**, bei dem das ans Ziel gesteckte Fähnchen winkt
- S. 29: **die »Ringe des Saturn«**, ein Irrgang mit mehreren Lösungen, mit und ohne Brückenüberquerungen
- S. 30: **das geheimnisvolle Labyrinth mit den vier Türmen**, in dem es gilt, den Baum im Zentrum zu erreichen.

Weiterführende Literatur

Wer mehr über Labyrinthe erfahren will, dem seien folgende Bücher empfohlen:

- Candolini, G.: **Das geheimnisvolle Labyrinth.** Mythos und Geschichte eines Menschheitssymbols. 1999. 240 S., farb. Ill., Pattloch
- Candolini, G.: **Labyrinthe.** Ein Praxisbuch zum Malen, Bauen, Tanzen, Spielen, Meditieren und Feiern. 1999. 144 S., Pattloch
- Kern, H.: **Labyrinthe. Erscheinungsformen und Deutungen** – 5000 Jahre Gegenwart eines Urbilds. 1982. 492 S., 666 Abb., Prestel (Jubiläumsausgabe 1999)
- Lonegren, S.: **Labyrinthe. Antike Mythen & moderne Nutzungsmöglichkeiten**. 1993. 152 S., schw.-w. Ill., Zweitausendeins

Die Zeitschrift **Caerdroia**, herausgegeben von Jeff Saward, erscheint einmal im Jahr und beschäftigt sich ausschließlich mit Labyrinthen. Zu beziehen durch:
The Caerdroia Project, 53 Thundersley Grove, Thundersley, Benfleet, Essex, SS7 3EB, England
Tel.: 00 44 (0) 12 68 75 19 15
E-Mail: caerdroia@dial.pipex.com

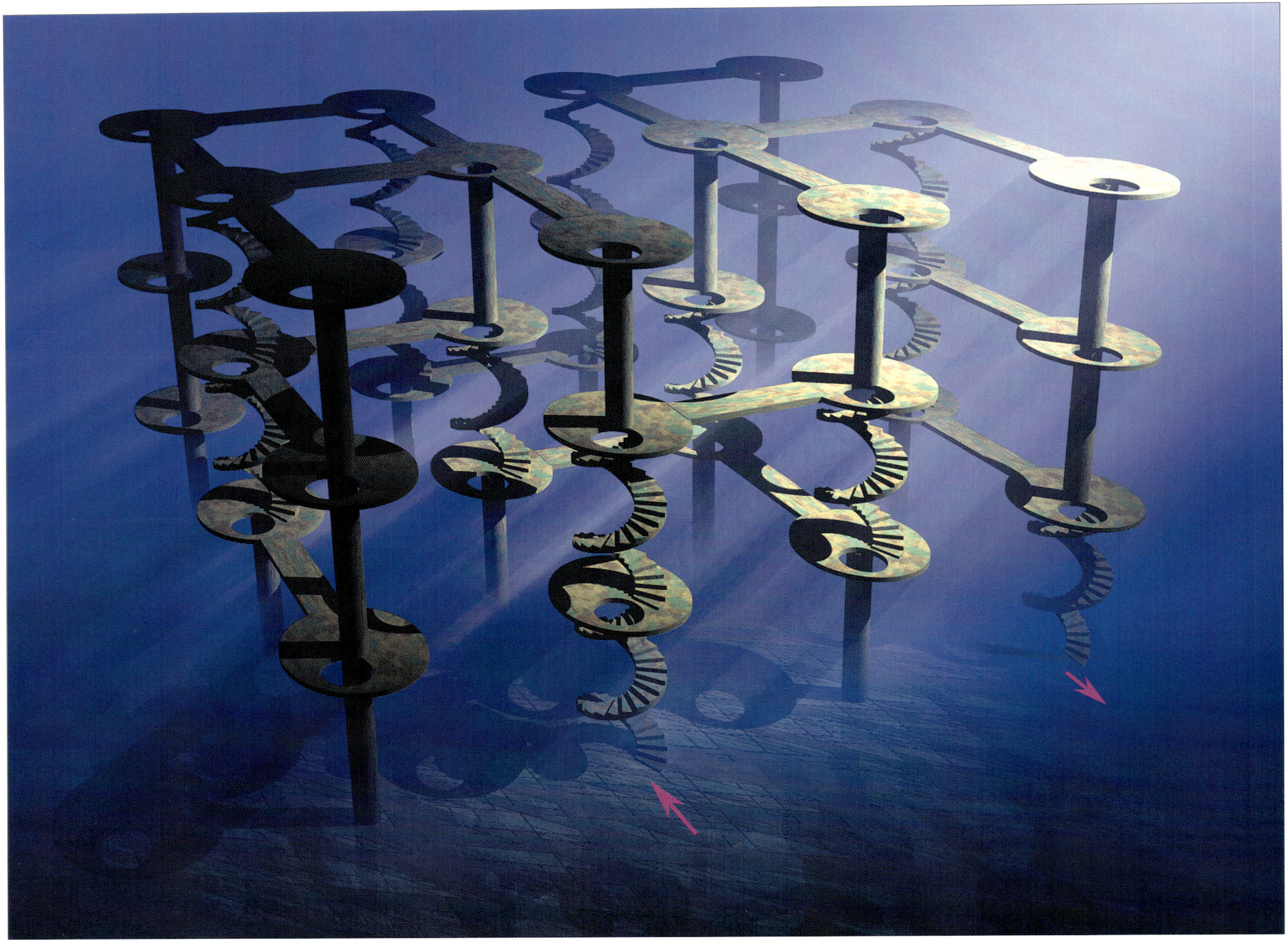

TH-1

Lösungen

Auf dieser und auf den folgenden Seiten finden Sie die Lösungen zu allen Labyrinthen in diesem Buch. Bei manchen Labyrinthen gibt es mehrere mögliche Wege – lassen Sie sich also nicht irritieren, wenn Sie eine andere Lösung gefunden haben!

Seite 3

Seite 4

Seite 5

Seite 6

Seite 7

Seite 8

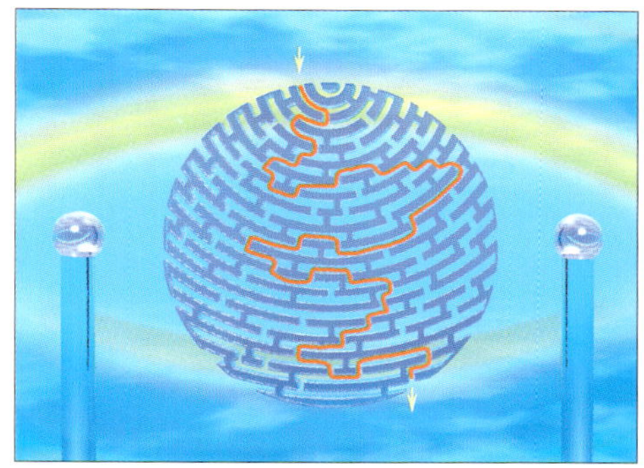

Seite 9

Seite 10

Seite 11

Seite 12

Seite 13

Seite 14

Seite 15

Seite 16

Seite 17

Seite 18

Seite 19

Seite 20

Seite 21

Seite 22

Seite 23

Seite 24

Seite 25

Seite 26

Seite 27

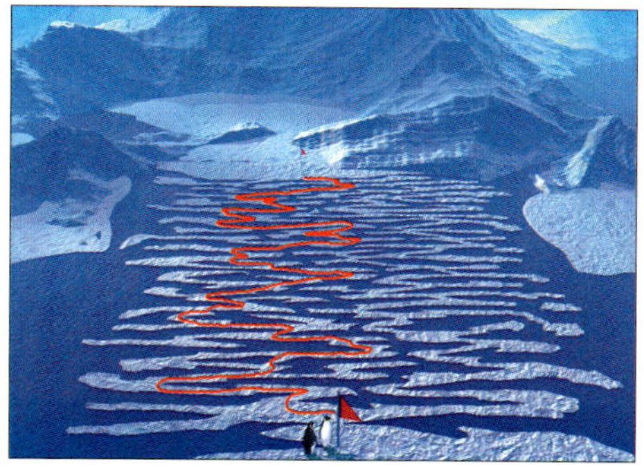
Seite 28

Seite 29

Seite 30

Thomas Thiemeyer, Jahrgang 1963, studierte Kunst und Geologie in Köln. Während er als graphischer Berater beim Ravensburger Buchverlag arbeitete, veröffentlichte er sein erstes Jugendbuch.
Seit 1989 ist Thomas Thiemeyer selbstständiger Graphiker und Illustrator. Neben seiner Tätigkeit im Jugendbuch arbeitet er auch als Coverillustrator, Spieleentwickler und Computergraphiker. Im Moment schreibt er an seinem ersten Roman. Thomas Thiemeyer lebt mit seiner Frau und zwei Söhnen in Stuttgart.
Weitere Informationen unter http://www.thiemeyer.de

Bertrun Jeitner-Hartmann, Jahrgang 1943, war lange Zeit Redakteurin, Herausgeberin und Übersetzerin im Bereich Kinder- und Jugendbuch und Elternpädagogik beim Ravensburger Buchverlag. Neben ihrer Tätigkeit für den Verlag studierte die ausgebildete Ergotherapeutin Kinderpsychotherapie.
Heute arbeitet sie sowohl als freie Redakteurin, Autorin und Übersetzerin für verschiedene Verlage als auch im Bereich der Kindertherapie und der interkulturellen Frauenalltagsforschung.
Bertrun Jeitner-Hartmann lebt mit Mann, zwei Kindern und einem Hund in Nürnberg.

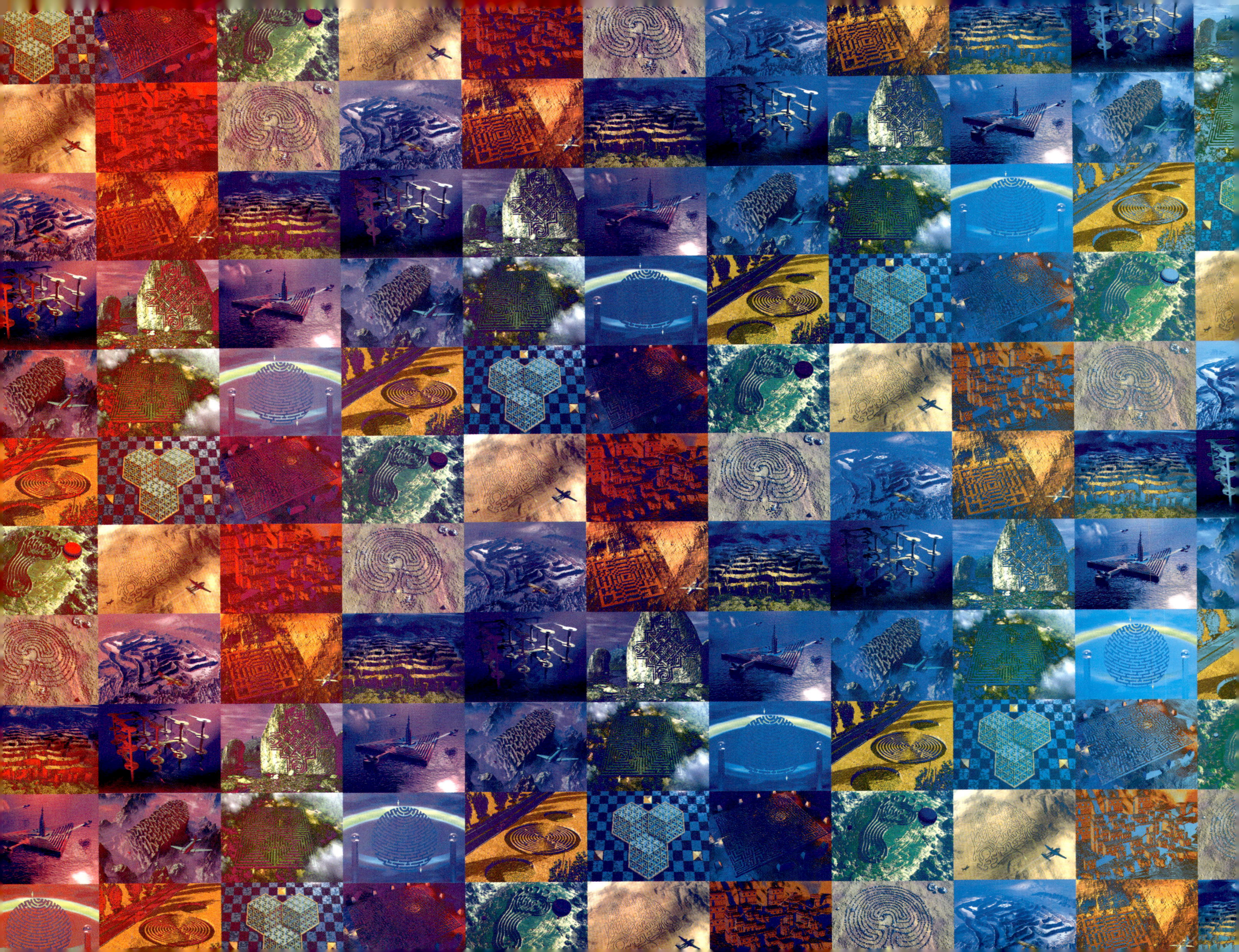